# BEI GRIN MACHT SICH IHR WISSEN BEZAHLT

- Wir veröffentlichen Ihre Hausarbeit, Bachelor- und Masterarbeit
- Ihr eigenes eBook und Buch - weltweit in allen wichtigen Shops
- Verdienen Sie an jedem Verkauf

Jetzt bei www.GRIN.com hochladen und kostenlos publizieren

**Bibliografische Information der Deutschen Nationalbibliothek:**

Die Deutsche Bibliothek verzeichnet diese Publikation in der Deutschen Nationalbibliografie; detaillierte bibliografische Daten sind im Internet über http://dnb.d-nb.de/ abrufbar.

Dieses Werk sowie alle darin enthaltenen einzelnen Beiträge und Abbildungen sind urheberrechtlich geschützt. Jede Verwertung, die nicht ausdrücklich vom Urheberrechtsschutz zugelassen ist, bedarf der vorherigen Zustimmung des Verlages. Das gilt insbesondere für Vervielfältigungen, Bearbeitungen, Übersetzungen, Mikroverfilmungen, Auswertungen durch Datenbanken und für die Einspeicherung und Verarbeitung in elektronische Systeme. Alle Rechte, auch die des auszugsweisen Nachdrucks, der fotomechanischen Wiedergabe (einschließlich Mikrokopie) sowie der Auswertung durch Datenbanken oder ähnliche Einrichtungen, vorbehalten.

**Impressum:**

Copyright © 2001 GRIN Verlag, Open Publishing GmbH
Druck und Bindung: Books on Demand GmbH, Norderstedt Germany
ISBN: 978-3-668-22422-3

**Dieses Buch bei GRIN:**

http://www.grin.com/de/e-book/48043/struktur-und-entwicklung-der-magdeburger-boerde

Sebastian Brandt

# Struktur und Entwicklung der Magdeburger Börde

GRIN Verlag

**GRIN - Your knowledge has value**

Der GRIN Verlag publiziert seit 1998 wissenschaftliche Arbeiten von Studenten, Hochschullehrern und anderen Akademikern als eBook und gedrucktes Buch. Die Verlagswebsite www.grin.com ist die ideale Plattform zur Veröffentlichung von Hausarbeiten, Abschlussarbeiten, wissenschaftlichen Aufsätzen, Dissertationen und Fachbüchern.

**Besuchen Sie uns im Internet:**

http://www.grin.com/

http://www.facebook.com/grincom

http://www.twitter.com/grin_com

# Struktur und Entwicklung der Magdeburger Börde

Geographie, Diplom

3. Semester

Mittelseminar Wirtschafts- und Sozialgeographie

Wintersemester, 2001
25.02.2002

# Inhaltsverzeichnis

Seite:

**Abbildungsverzeichnis** II

| | | |
|---|---|---|
| **1.** | **Allgemeines** | |
| 1.1. | Lage | 1 |
| 1.2. | Naturräumliche Gegebenheiten | 1 |
| 1.3. | Bedeutung | 2 |
| | | |
| **2.** | **Entwicklung** | |
| 2.1. | Geschichte | 2 |
| 2.2. | Besiedlung | 4 |
| 2.3. | Bevölkerung | 6 |
| 2.3.1. | Entwicklung während der Industrialisierung | 6 |
| 2.3.2. | Bevölkerungsentwicklung seit dem 2. Weltkrieg bis zur Deutschen Wiedervereinigung | 7 |
| 2.3.3. | Bevölkerungsentwicklung nach der Wiedervereinigung | 8 |
| 2.4. | Wirtschaft | 10 |
| 2.4.1. | Primärer Sektor | 11 |
| 2.4.2. | Sekundärer Sektor | 13 |
| 2.4.3. | Tertiärer Sektor | 15 |
| | | |
| **3.** | **Zusammenfassung** | 16 |
| **Quellenverzeichnis** | | 17 |

# Abbildungsverzeichnis

**Abbildung 1:** Magdeburger Börde
(Quelle: Diercke, S. 19)

**Abbildung 2:** Zentrale Orte in Sachsen - Anhalt
(Quelle: Oelke, S. 348)

**Abbildung 3:** Bevölkerung je km² Jahr 2000
(Quelle: Statistisches Landesamt)

**Abbildung 4:** Pendlereinzugsgebiet von Magdeburg 1912 - 1957
(Quelle: Oelke, S. 128)

**Abbildung 5:** Bevölkerungsentwicklung im Vgl. zum 03.10.1990
(Quelle: eig. Diagramm, nach Daten des Statistischen Landesamtes Sachsen – Anhalt)

**Abbildung 6:** Natürliches Bevölkerungswachstum
(Quelle: eig. Diagramm, nach Daten des Statistischen Landesamtes Sachsen – Anhalt)

**Abbildung 7:** Zu- bzw. Abwanderungsquoten
(Quelle: eig. Diagramm, nach Daten des Statistischen Landesamtes Sachsen – Anhalt)

**Abbildung 8:** Bevölkerungsentwicklung im „Speckgürtel" von Magdeburg
(Quelle: eig. Diagramm, nach Daten des Statistischen Landesamtes Sachsen – Anhalt)

**Abbildung 9:** Arbeitslosenquote
(Quelle: eig. Diagramm, nach Daten des Statistischen Landesamtes Sachsen – Anhalt)

**Abbildung 10:** Anteil der Landwirtschaft am Umsatz 1992
(Quelle: eig. Diagramm, nach Daten des Statistischen Landesamtes Sachsen – Anhalt)

**Abbildung 11:** Beschäftigte am 30.11.1990
(Quelle: eig. Diagramm, nach Daten des Statistischen Landesamtes Sachsen – Anhalt)

**Abbildung 12:** Landwirtschaftlich genutzte Fläche im Vergleich zu 1990
(Quelle: eig. Diagramm, nach Daten des Statistischen Landesamtes Sachsen – Anhalt)

**Abbildung 13a:** Zuckerfabriken 1937 / 1938
(Quelle: Kohl, S. 349)

**Abbildung 13b**: Zuckerfabriken 1974
(Quelle: Kohl, S. 411)

**Abbildung 13c**: Zuckerfabriken Gegenwart
(Quelle: www.zuckerwirtschaft.de)

## 1.1. Lage

Die Magdeburger Börde bezeichnet ein Gebiet südlich und südwestlich von Magdeburg. Dabei schließt sie sich an das nordöstliche Harzvorland an. Sie wird durch das Bodetal im Süden, die Saale im Südosten sowie die Elbe im Osten und die Ohre im Norden klar abgegrenzt. In Richtung Westen lässt sich keine einheitliche Abgrenzung erkennen. Allerdings kann man hier eine Abgrenzung entlang einer gedachten Linie von Haldensleben nach Oschersleben vornehmen.

**Magdeburger Börde**

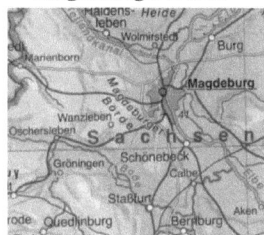
Abb. 1 (Diercke, S. 19)

Entsprechend dieser Abgrenzung und der administrativen Einteilung dieses Gebietes zähle ich den östlichen Teil des Bördekreises, einen kleinen Teil des südlichen Ohrekreises sowie den östlich der Elbe gelegenen Teil des Landkreises Schönebeck dazu. Damit umfasst die Magdeburger Börde eine Fläche von etwa 930 km².

## 1.2. Natürliche Gegebenheiten

Bei der Magdeburger Börde handelt es sich um ein Gebiet, dass von ebenen Flächen dominiert wird. Diese liegen zwischen 80 m und 130 m ü. NN. Davon liegen die höher gelegenen Flächen im größeren westlichen Teil der hohen Börde und die niedrigeren Flächen im östlichen Bereich der niederen Börde.

Teilweise wird die Magdeburger Börde von endmoränenartigen Höhenzügen durchzogen. Diesbezügliche ist besonders das Gebiet um Sohlen, Wellen sowie um Calbe an der Saale hervorzuheben. Diese sind dem älteren Stadium der Saaleeiszeit, dem Rehburger Stadium zuzurechnen (August, S.767).

Besonders hervorzuheben ist die geschlossene Lößverbreitung in der Magdeburger Börde, die teilweise bis zu mehrere Meter Mächtigkeit erreicht. Auch sie ist ein Relikt der Saaleeiszeit.
Auf der Lößschicht konnte sich nach der Eiszeit und im Zusammenhang mit dem Einfluss des trockenen Klimas eine Steppenvegetation herausbilden, die letztendlich zur Entwicklung von Schwarzerdeböden führte. Diese Böden zählen zu den fruchtbarsten Böden

Deutschlands. Bei der Reichsbodenschätzung im Jahr 1939 wurden im Raum Schönebeck beispielsweise Ackerwertzahlen von 100 vergeben (Oelke, S. 91), die seither auch als Standard deutschlandweit herangezogen werden. Durchschnittlich liegen die Ackerwertzahlen in der Magdeburger Börde über 85.

Natürliche Vegetation ist im Gebiet der Magdeburger Börde so gut wie nicht mehr anzutreffen. Potentiell wäre in diesem Gebiet eine Eichen – Hainbuchenwald – Vegetation anzutreffen (Oelke, S. 91). Auf Grund der intensiven Landschaftsnutzung ist der Naturraum jedoch fast vollständig ausgeräumt. Lediglich in einem Naturschutzgebiet im Westen der Magdeburger Börde bei Eggenstedt kann man sich noch ein Bild von der natürlichen Vegetation machen.

Verwertbare Bodenschätze kommen im Gebiet der Magdeburger Börde eher in geringem Maße vor. Von einiger wirtschaftlicher Bedeutung sind Steine und Erden, Salz sowie in der Vergangenheit Braunkohle.

## 1.3. Bedeutung

Allein der Begriff „Börde" kennzeichnet dieses Gebiet bereits als eine besonders begünstigte Region. Sehr oft taucht dieser Begriff als Bezeichnung für fruchtbare, landwirtschaftlich genutzte Räume auf (vgl. Hildesheimer Börde, Soester Börde). Folglich ist auch die Magdeburger Börde ein Gebiet, das auf Grund der Ausstattung des Naturraumes eine sehr ertragreiche Landwirtschaft ermöglicht.

## 2.1. Geschichte

Das Gebiet der Magdeburger Börde war bereits ur- und frühgeschichtlich besiedelt. Schon vor vier- bis sechstausend Jahren, d.h. bereits seit der Jungstein- und Bronzezeit, lebten hier Menschen (www.boerdekreis.de). Sie rodeten die Wälder, um Acker- und Weideflächen zu erschließen.

Aus dem Donaugebiet brachten Stämme während der Jungsteinzeit Kenntnisse des Ackerbaus, der Viehzucht sowie der Töpferei mit in dieses Gebiet .

Etwa zu Beginn der christlichen Zeitrechnung lebten überwiegend Langobarden in dieser Region, bevor sie im Zuge der Völkerwanderung im vierten Jahrhundert in den Süden, d.h. in das nördliche Italien zogen. Die Langobarden wurden durch deutsch Stämme abgelöst, insbesondere durch die Angeln und die Warnen. Nachdem sich diese mit den Thüringern verbanden, gehörte die Magdeburger Börde zum neu gegründeten Thüringerreich. Dieses wurde im Jahr 531 durch die Franken und Sachsen zerstört (www.boerdekreis.de).

Auf Grund des Ertragsreichtums dieses Gebietes waren hier zahlreiche Königsgüter vorhanden. Diese dienten zum Großteil der Versorgung des Ottonischen Hofstaates sowie der Versorgung des Militärs, was eine Basis für die Ostexpansion des deutschen Reiches während dieser Zeit darstellte.

Der Begriff „Magdeburger Börde" taucht erstmals im Jahre 1372 in einer Urkunde des Klosters Ilsenburg auf (www.boerdekreis.de).

Bis zum Ende des 30jährigen Krieges gehörte das Gebiet des Bördekreises zu verschiedenen Einflussbereichen, wie zum Bistum Halberstadt, zum Erzbistum Magdeburg, zum Kloster Gandersheim sowie zum Stift Gernrode.
Auch dies ist zweifellos ein Hinweis auf den besonderen Ertragsreichtum dieser Region, da man davon ausgehen kann, dass die Kirche mit Sicherheit nicht die ertragsärmsten Landstriche zu ihrem Besitz zählen wollte und zählte.

Der 30jährige Krieg hat tiefe Spuren in dieser Region hinterlassen. So wurden beispielsweise zahlreiche Orte zu Wüstungen. Wobei dazu zu sagen ist, dass der Wüstungsprozess nicht allein auf dem 30jährigen Krieg beruht und keine nur für diese Region typische Erscheinung darstellt. Ursache dafür war mit Sicherheit auch die spürbare Entwicklung der Städte mit ihren im Vergleich zum Lande besseren Lebensbedingungen, was auch zum Verlassen der kleineren Ortschaften führte.

Nach dem Westfälischen Frieden im Jahr 1648 wurde die Magdeburger Börde Brandenburg / Preußen zugesprochen.

Während der Napoleonischen Besatzung erfuhr die Magdeburger Börde insbesondere auf Grund des Zuckerrübenanbaus sowie der schnellen Entwicklung moderner Methoden in der Landwirtschaft einen starken wirtschaftlichen Aufschwung.

Nach dem zweiten Weltkrieg kam es in der Magdeburger Börde, die seit dem zur Sowjetischen Besatzungszone gehörte zu umfangreichen Enteignungen. Davon betroffen waren hauptsächlich Kriegsverbrecher, Nazifunktionäre sowie Großgrundbesitzer. Als Großgrundbesitzer wurden Eigentümer von mehr als 100 Hektar Land eingestuft.

**2.2. Besiedlung**

Zahlreiche Orte der Magdeburger Börde existierten nachweislich bereits im 10., 11., 12. und 13. Jahrhundert. Diese Zeitpunkte kennzeichnen jedoch oftmals lediglich den Zeitpunkt der erstmaligen urkundlichen Erwähnung. In vielen Fällen nimmt man jedoch an, dass diese Daten nicht den Gründungszeitraum dieser Orte angeben, sondern dass die tatsächliche Gründung oft bereits lange vor der erstmaligen Erwähnung liegt.

Bezeichnend für das hohe Alter vieler Orte in diesem Gebiet ist das häufige Auftauchen von Ortsnamen, die auf „–leben" enden, wie z.B. Hadmersleben, Wanzleben, Oschersleben.

Wie bereits deutlich geworden ist, handelt es sich bei der Magdeburger Börde um einen stark agrarisch geprägten Siedlungsraum.

Es existiert ein weitmaschiges Siedlungsnetz. Die Orte liegen zum Großteil zwischen fünf und acht Kilometer von einander entfernt.
Außerdem handelt es sich für ländliche Orte überwiegend um verhältnismäßig große Orte, d.h. die Einwohnerzahl liegt sehr oft über 1.000 häufig auch über 2.000 Einwohnern.

Bei den Siedlungen handelt es sich fast ausschließlich um Haufendörfer. Diese haben zudem teilweise eine starke Gehöftdichte. Eher selten sind hingegen Dörfer anzutreffen, die durch eine einzelne Gutsanlage dominiert werden, wie dies vielfach in Mecklenburg – Vorpommern der Fall ist.

Vielmehr zeichnen sich die Haufendörfer der Magdeburger Börde dadurch aus, dass die Bauerngehöfte von einer besonderen Größe sind. Auch dies ist ein Kennzeichen für den Ertragsreichtum der Landwirtschaft in dieser Region. Durch die gute Bodenqualität ist eine gewinnbringende Bewirtschaftung der Höfe auch bei einer Größe möglich, die weit unter der Größe der in anderen Regionen vorherrschenden Gutsanlagen liegt.

Bei den meisten Gehöften handelt es sich um Vierseitgehöfte. Diese liegen oftmals eng beieinander und weisen zum Teil eine Ausstattung auf, die wiederum den Reichtum und die Bedeutung der Landwirtschaft in dieser Region widerspiegelt.

In größeren Dörfern liegen diese Höfe zudem eher selten in unmittelbarer Nähe der dazugehörigen zu bewirtschaftenden Landwirtschaftsflächen. Sie liegen vielmehr im Ortskern konzentriert. Lediglich die Höfe am Ortsrand sowie Höfe in kleineren Siedlungen liegen regelmäßig direkt an der dazugehörigen Ackerfläche.

Die wichtigsten Städte der Magdeburger Börde sind Oschersleben und Wanzleben. Diese liegen direkt im Agrarraum der Magdeburger Börde. Beide Städte waren während der Zeit der DDR sowie bis zur Kreisreform im Jahr 1994 Kreisstädte. Danach wurden beide Landkreise vereint. Daraufhin behielt lediglich Oschersleben den Status einer Kreisstadt. Bei beiden Städten handelt sich um Grundzentren, die teilweise die Funktionen eines Mittelzentrums ausüben. Größtenteils werden die Funktionen des Mittelzentrums für die Region jedoch von der Landeshauptstadt Magdeburg ausgeübt. Dies ist das Resultat der räumlichen Nähe dieser Städte, was wiederum zu engen Verflechtungen der Beziehungen unter einander geführt hat.

Abb. 2 (Oelke, S. 348)

Am nördlichen Rand der Magdeburger Börde liegt, wie bereits erwähnt Haldensleben, ein Mittelzentrum, das zudem Kreisstadt ist. Auch Schönebeck am östlichen ist ein Mittelzentrum. Staßfurt, am südlichen Rand der Magdeburger Börde gelegen, hat wie auch Wanzleben im Rahmen der Kreisgebietsreform den Status der Kreisstadt verloren, ist jedoch weiterhin ein Mittelzentrum.

## 2.3. Bevölkerung

Die Magdeburger Börde ist durch eine geringe Bevölkerungsdichte gekennzeichnet. Sie betrug am 31.12.2000 91,8 Einwohner / km² (Statistisches Landesamt Sachsen-Anhalt).

*2.3.1. Entwicklung während der Industrialisierung*

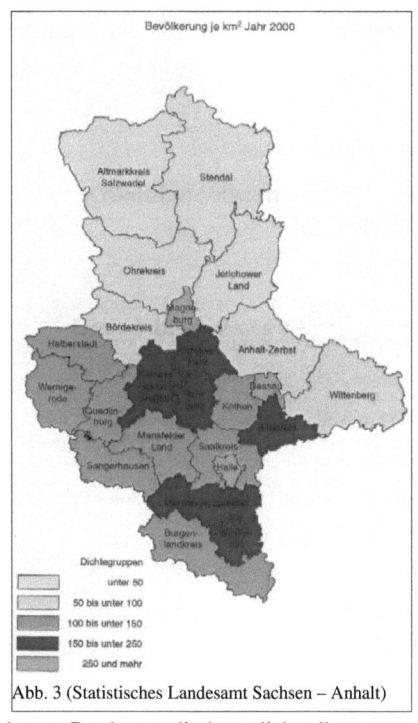

Während der Industrialisierung kam es zu starken Bevölkerungsverlusten durch Wanderungsbewegungen. Diese führten vor allem in die größeren Städte, in denen zu der Zeit attraktivere Lebensbedingungen herrschten als auf dem Lande. In den Städten blühte die Industrie auf und es entstand dadurch ein Arbeitskräftesog. Verbunden damit war ebenfalls der Wohnungsbau für die benötigten Arbeitskräfte, wodurch für die damaligen Verhältnisse attraktiver Wohnraum geschaffen wurde, der auf dem Lande für die einfache Bevölkerung eher selten zu finden war.

Abb. 3 (Statistisches Landesamt Sachsen – Anhalt)

Von besonderer Bedeutung für die Magdeburger Börde war diesbezüglich selbstverständlich Magdeburg, das sich zu jener Zeit zu einem Zentrum des Maschinenbaus entwickelte.

Auffällig ist für die Wanderungsverluste, dass sie mit zunehmender Entfernung der einzelnen Orte von Magdeburg wachsen. Je weiter die Orte von Magdeburg entfernt liegen, desto größer ist zu dieser Zeit der Bevölkerungsverlust gewesen. Dies ist wahrscheinlich darauf zurückzuführen, dass sich die Lebensbedingungen mit zunehmender Entfernung von Magdeburg verschlechterten und ein Umzug daher dringlicher war.

Außerdem war es mit steigender Entfernung der Orte für die Bewohner schwieriger, täglich zum Arbeitsplatz in Magdeburg zu pendeln. Pendlerbeziehungen zwischen Magdeburg und dem Umland lassen sich bereits seit 1840 nachweisen (Mai in Oelke, S. 128). Daher war es bei größeren Entfernungen notwendig, nach Magdeburg bzw. in die nähere Umgebung von Magdeburg umzuziehen.

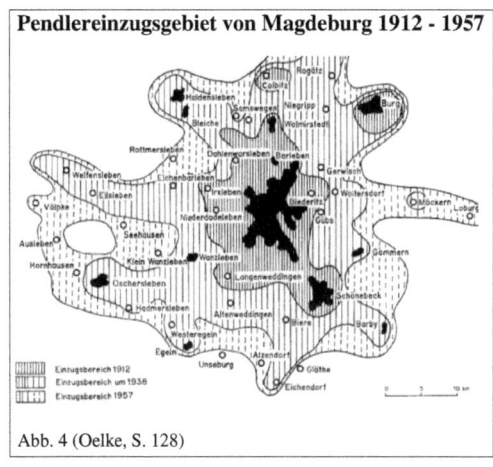

Abb. 4 (Oelke, S. 128)

### 2.3.2. Bevölkerungsentwicklung seit dem 2. Weltkrieg bis zur Deutschen Wiedervereinigung

Nach dem zweiten Weltkrieg gehörte die Magdeburger Börde zur Sowjetischen Besatzungszone und nach dem 07.10.1949 zur DDR. Nach dem Krieg kam es, wie bereits erläutert, zu umfangreichen Enteignungsmaßnahmen.

Da die Produktivität der Landwirtschaft in dieser Zeit stark anstieg, kam es zu einem starken Rückgang der Beschäftigten in diesem Sektor. Vor allem jungen Menschen bot sich daher in dieser Richtung keine Zukunftsperspektive. Dies führte dazu, dass vor allem junge Menschen der Magdeburger Börde den Rücken kehrten.
Auf lange Sicht führte diese Abwanderung jedoch wiederum zu einem Arbeitskräftemangel. Als Resultat begann ab etwa 1980 die gezielte Zuführung von Arbeitskräften. Seit dem arbeiteten etwa 12% der Beschäftigten dieser Region in der Landwirtschaft.
Die allgemeine Bevölkerungsentwicklung war jedoch auf Grund von weiterhin bestehenden Abwanderungen weiterhin negativ.

### 2.3.3. Bevölkerungsentwicklung nach der Wiedervereinigung

Auch nach der Wiedervereinigung war die Bevölkerungsentwicklung in der Magdeburger Börde weiterhin negativ.

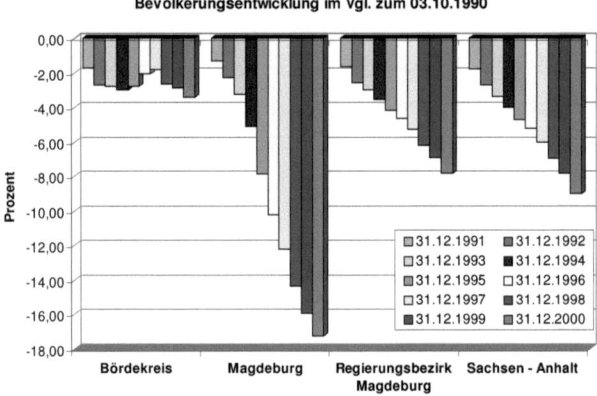

Abb. 5 (Datenquelle: Statistisches Landesamt Sachsen – Anhalt)

Dabei fällt jedoch auf, dass die Bevölkerungsverluste im Vergleich zu anderen Regionen verhältnismäßig gering ausfielen.

Die Frage nach der Ursache ist vor allem deshalb interessant, weil das natürliche Wachstum der Bevölkerung um einiges geringer war als das der anderen Regionen.

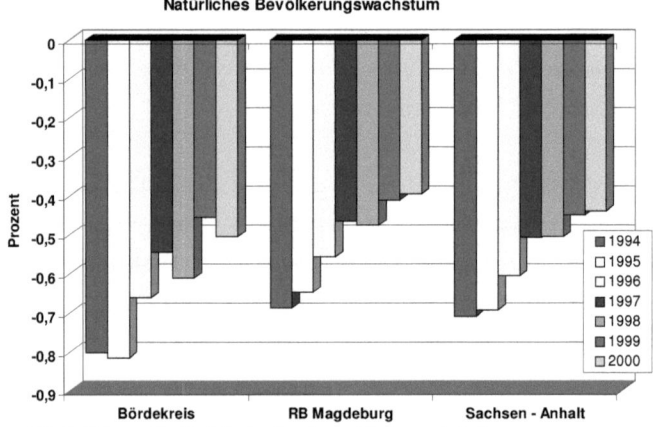

Abb. 6: Datenquelle: Statistisches Landesamt Sachsen - Anhalt

Als eine Ursache kann sicherlich die Überalterung der altansässigen Bevölkerung herangezogen werden. Diese resultiert noch aus der negativen Wanderungsbewegung aus den vorangegangenen Zeitabschnitten. Als Folge daraus ergibt sich eine hohe Sterblichkeit, der eine sehr geringe Geburtenrate gegenübersteht.

Außerdem kann davon ausgegangen werden, dass Familien, die in den ländlichen Raum ziehen, dies zum Großteil erst nach der Geburt von Kindern tun. Dies führt ebenfalls zu keiner Erhöhung der Geburtenrate und somit auch nicht zu einer Verbesserung der natürlichen Bevölkerungsbilanz.

Die negative natürliche Bevölkerungsentwicklung findet ihren Ausgleich durch Wanderungsbewegungen in den ländlichen Raum hinein (s. Abb. 7). Dabei spielt vor allem die Suburbanisierung eine bedeutende Rolle. Insbesondere ist Magdeburg in diesem Zusammenhang von starken Bevölkerungsverlusten gekennzeichnet.

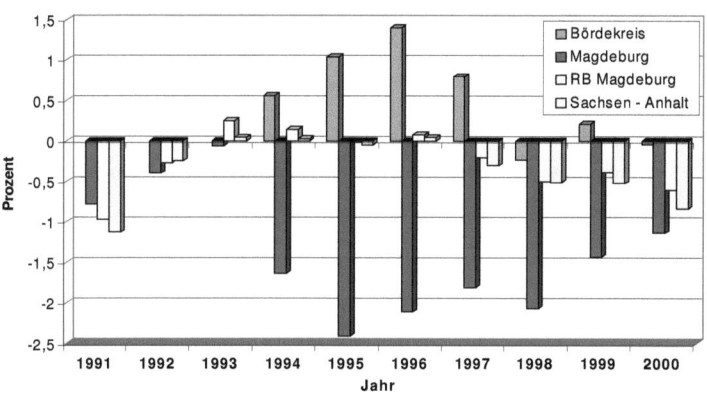

Abb. 7 (Datenquelle: Statistisches Landesamt Sachsen – Anhalt)

Von der Abwanderung aus Magdeburg in den ländlichen Raum ist im Bereich der Magdeburger Börde vor allem ein Kreis von Gemeinden betroffen, der in der Näheren Umgebung von Magdeburg liegt. Diese Gemeinden liegen zumeist in einem Umkreis von 14 – 15 km um Magdeburg.

Je näher diese Orte an Magdeburg liegen und je besser sie durch Straßen mit Magdeburg verbunden sind, desto stärker ist der Bevölkerungszuwachs, den sie in den vergangenen Jahren zu verzeichnen hatten.

So nahm die Bevölkerung von Osterweddingen im Süden von Magdeburg innerhalb von nur sieben Jahren um mehr als 70 Prozent zu. Osterweddingen liegt nur wenige Kilometer von Magdeburg entfernt und ist durch die B 81 sowie die A 14 hervorragend mit Magdeburg verbunden.

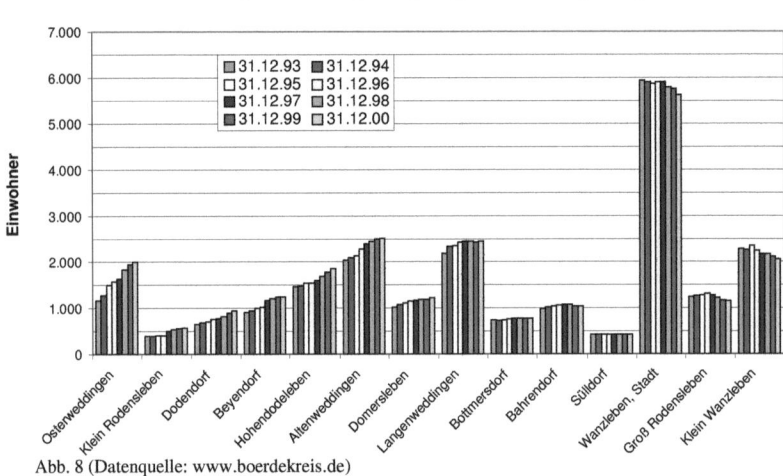

Abb. 8 (Datenquelle: www.boerdekreis.de)

Bei den Orten die trotz der weiteren Entfernung von Magdeburg Bevölkerungszuwächse verzeichnen können, handelt es sich zumeist um die Auswirkungen der Suburbanisierung der Grundzentren.

Bezüglich der Altersstruktur ist zu sagen, dass seit der Wende eine stetige Zunahme der Bevölkerung mit einem Alter über 60 Jahre zu verzeichnen ist. Die Gruppe der unter 15jährigen nimmt dagegen stetig ab. Die Gruppe der zwischen 18- und 60jährigen bleibt seit dem relativ konstant. Somit ist eine wachsende Überalterung der Bevölkerung auszumachen.

### 2.4. Wirtschaft

Die Wirtschaft in der Magdeburger Börde wird stark durch den Agrarraum beeinflusst, wo die Landwirtschaft eine enorme Rolle spielt. Einen Gegenpol bilden die Städte dieser Region, wo sich zum Teil Gewerbebetriebe angesiedelt haben.

Die Arbeitslosenquote stieg nach der Wende in den Kreisen Oschersleben und Wanzleben stark an und lag bis Dezember 1994 über der von Sachsen – Anhalt und dem Regierungsbezirk Magdeburg. Anschließend stellte sich eine Verbesserung der Situation ein (s. Abb. 9).

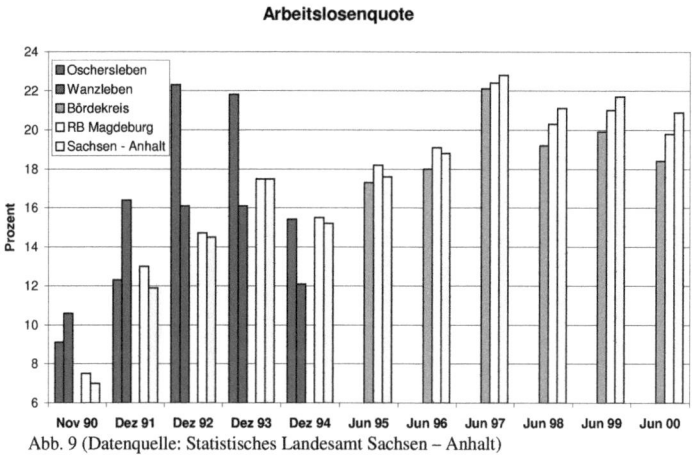

Abb. 9 (Datenquelle: Statistisches Landesamt Sachsen – Anhalt)

2.4.1. *Primärer Sektor*

Im Vergleich zu anderen Räumen hat die Landwirtschaft in der Magdeburger Börde eine herausragende Bedeutung gegenüber anderen Wirtschaftsbereichen (s. Abb. 10). Dabei spielt der Ackerbau eine weitaus größere Rolle als die Tierhaltung.

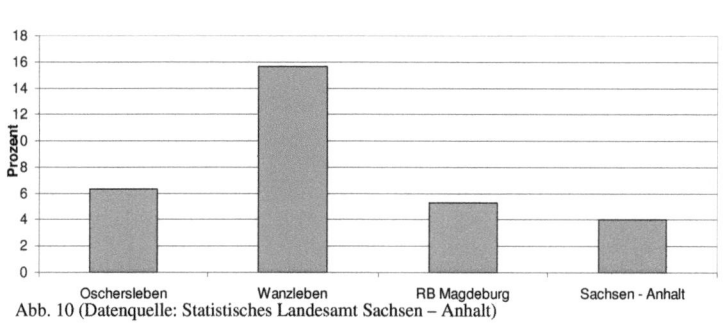

Abb. 10 (Datenquelle: Statistisches Landesamt Sachsen – Anhalt)

Noch 1990 hatte die Land- und Forstwirtschaft in der Magdeburger Börde einen überdurchschnittlich hohen Anteil an den Beschäftigten (s. Abb. 11).

Dies ist vor allem auf einen überdurchschnittlich hohen Arbeitskräftebesatz pro Hektar landwirtschaftlicher Nutzfläche zurückzuführen, der wiederum auf die wesentlich personalintensivere Land- und Forstwirtschaft vor der Wende zurückgeführt werden kann.

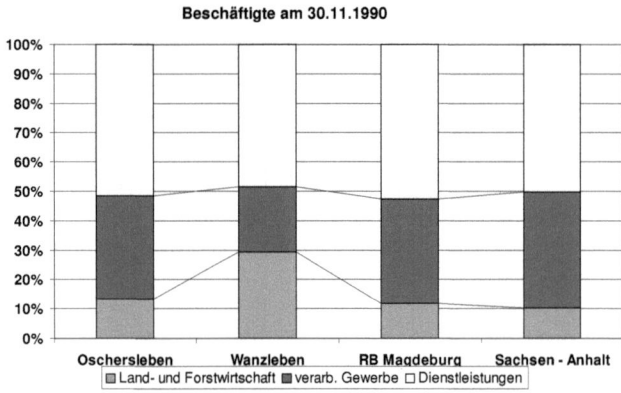

Abb. 11 (Datenquelle: Statistisches Landesamt Sachsen – Anhalt)

Außerdem ist auf Grund der hervorragenden Schwarzerde und braunen Lößböden eine sehr intensive Nutzung für die Landwirtschaft möglich, wodurch ihr im Vergleich zu den anderen Wirtschaftszweigen eine besondere Bedeutung zukommt. Auf den guten Böden werden vorrangig Zuckerrüben Weizen und Raps angebaut.

Nach 1990 war eine Abnahme der landwirtschaftlichen Nutzfläche zu verzeichnen. Allerdings waren die Flächenverluste nicht so stark wie in anderen Gebieten (s. Abb. 12). Die Ursache dafür ist sicherlich die besondere Bodenqualität, die auch nach der Wende die landwirtschaftliche Nutzung attraktiv macht.

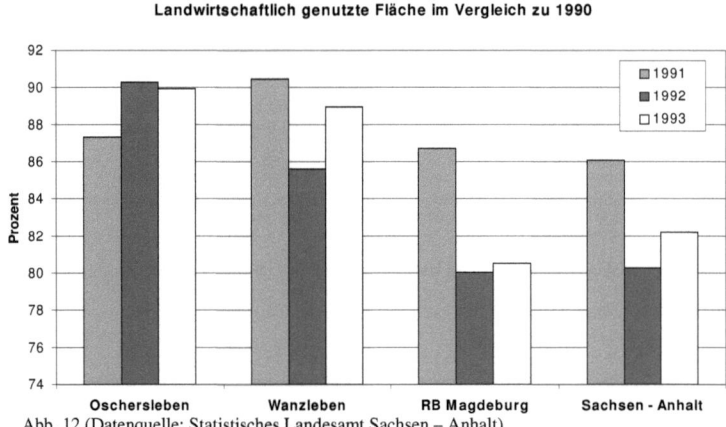

Abb. 12 (Datenquelle: Statistisches Landesamt Sachsen – Anhalt)

Zum Großteil sind die Landwirtschaftsflächen der Errichtung von Eigenheimsiedlungen und Gewerbegebieten zum Opfer gefallen. Diese sind heute in fast jedem Ort zu finden.

Zum Teil haben auch durch die EU subventionierte Stilllegungen von Ackerflächen zum Verlust von landwirtschaftlicher Nutzfläche geführt.

Zudem ist die Landwirtschaft trotz der bereits beschriebenen Gunstfaktoren im europäischen Vergleich relativ teuer, was zur Schließung von Betrieben und somit ebenfalls zu Flächenstilllegungen führte.

*2.4.2. Sekundärer Sektor*

Im 19. Jahrhundert kam es in der Magdeburger Börde zu Gründungen von zahlreichen marktorientierten Betrieben durch die Grundbesitzer. Dabei handelte es sich vor allem um Zuckerfabriken, Kornbrennereien und Ziegeleien. In Verbindung mit der Errichtung dieser Fabriken kam es auch zur Erschließung von Kohlegruben in unmittelbarer Nähe der Produktionsstätten.

Vor allem am Anfang des 19. Jahrhunderts, während der Kontinentalsperre, wurden viele Zuckerfabriken errichtet, da die Einfuhr von Zucker aus Übersee während dieser Zeit unmöglich war.

Da der Transport der Rüben sehr kostenintensiv war, erfolgte und erfolgt die Verarbeitung vor Ort.

Der Bestand an Zuckerfabriken in der Magdeburger Börde erreichte seinen Höhepunkt gegen Mitte des 19. Jahrhunderts. Bis dahin hatte fast jeder Ort seine eigene Zuckerfabrik zur Verarbeitung der vor Ort anfallenden Ernte. Im Jahr 1882 existierten von 365 Zuckerfabriken in Deutschland allein 163 in der Provinz Sachsen, zu der damals auch die Magdeburger Börde gehörte (Oelke, S. 196). Dies zeigt deutlich die Leistungsfähigkeit der Landwirtschaft dieser Region bereits zu der damaligen Zeit.

**Zuckerfabriken 1937 / 1938**

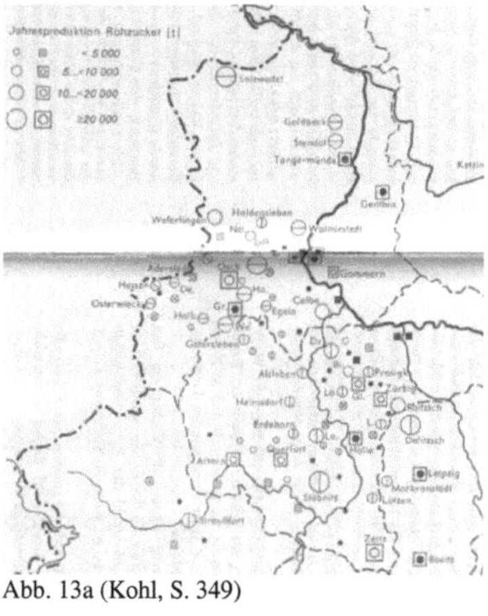

Abb. 13a (Kohl, S. 349)

Durch fortschrittlichere Produktionsverfahren und damit verbundene Produktivitätssteigerungen kam es in der darauf folgenden Zeit zu Schließung von immer mehr Zuckerfabriken. Die letzten verbliebenen wurden schließlich nach der Wende geschlossen. Dafür wurde in Klein Wanzleben eine neue Zuckerfabrik errichtet (s. Abb. 13).

**Zuckerfabriken 1974**        **Zuckerfabriken Gegenwart**

Abb. 13b (Kohl, S. 411)            Abb. 13c (http://www.zuckerwirtschaft.de/2_1_1.html)

Außer der Zuckerfabrik in Klein Wanzleben sind noch Kartoffelverarbeitungsbetriebe in Oschersleben und in Haldensleben hervorzuheben.
Des weiteren wurde durch Investitionen von 350 Mio. DM in Barby eine der größten und modernsten Weizenstärkefabriken der Welt errichtet. Sie kann 400.000 t Weizen pro Jahr verarbeiten (Oelke, S. 283).

Ebenso sind zahlreiche Investitionen in den Bereich der Produktion von Tiefkühlkost geflossen. Hervorzuheben sind in diesem Zusammenhang die Standorte Oschersleben und Wanzleben, wo vor allem Gemüse verarbeitet wird. Dieses wird jedoch nicht nur in dieser Region erzeugt sondern wird auch aus anderen Gebieten angeliefert.
Überdies existieren mehrere kleine lokale Mühlenwerke.

Im Vergleich zur Lebensmittelindustrie sind herkömmliche Industriebetriebe verhältnismäßig wenig vorhanden. Die Börde ist eben ein Agrar- und kein Industrieraum. Dennoch haben sich um Haldensleben, Oschersleben und Schönebeck verarbeitende Gewerbebetriebe mit zahlreichen Beschäftigten entwickelt. Dabei hat sich der Maschinenbau frühzeitig im Zusammenhang mit der Mechanisierung der Landwirtschaft entwickelt. So findet man beispielsweise in Schönebeck Maschinen- und Fahrzeugbau, der u.a. Traktoren und Feldhäcksler herstellt. Ebenso sind in Schönebeck, und Haldensleben Zulieferbetriebe für die Automobilindustrie angesiedelt. Oschersleben hat sich zu einem Standort für die Herstellung von hydraulischen Anlagen, von Pumpen und von Elektromotoren entwickelt.

Daneben weisen die Wirtschaftsstandorte in unmittelbarer Nähe der Verkehrsachsen (A 14, B 71, B 81) eine gute wirtschaftliche Entwicklung durch die Ansiedlung von Gewerbebetrieben auf. Diese Orte haben eine hohe Auslastung ihrer Gewerbegebiete erreicht und dadurch teilweise mehr Beschäftigte in den Betrieben als Einwohner. So profitiert beispielsweise Langenweddingen von seiner verkehrsgünstigen Lage und der Nähe zu Magdeburg. Dies führte dazu, dass zahlreiche Betriebe aus Magdeburg u.a. hierher abgewandert sind, da sie hier kostengünstig expandieren konnten.

*2.4.3. Tertiärer Sektor*

Der Dienstleistungsbereich zeichnet sich nicht besonders gegenüber anderen Regionen aus. Einer der bedeutendsten Arbeitgeber ist der öffentliche Dienst mit den Behörden, Kommunen und verschiedenen Verbänden.

Ferner sind Handels- und Logistikunternehmen hervorzuheben. So haben z.B. die Post, Spar, Edeka und Otto große Logistikzentren in sehr verkehrsgünstigen Lagen aufgebaut. Diese liegen in unmittelbarer Nähe der Autobahn A 14 und ihrer Schnittpunkte mit den Bundesstraßen.

Nennenswert sind ebenso Forschungs- und Entwicklungseinrichtungen, die in enger Kooperation mit der Landwirtschaft arbeiten. Standorte von internationalem Rang sind hier in Gatersleben und in Klein Wanzleben zu finden.

Der Tourismus spielt in der Magdeburger Börde noch eine eher untergeordnete Rolle. Aufgrund des Reliefs bietet sich keine spektakuläre Landschaft wie z.B. im nahe gelegenen Harz. Jedoch handelt es sich, wie bereits beschrieben, um einen sehr geschichtsträchtigen Boden. Daher kann die Region eventuell auf längere Sicht Profit aus dem Bildungstourismus ziehen. Diesbezüglich könnte die Straße der Romanik, die quer durch diese Landschaft läuft, noch eine wichtige Rolle spielen.

## 3. Ausblick

Die Landwirtschaft wird in der Magdeburger Börde auf Grund der hohen natürlichen Gunstfaktoren noch auf lange Sicht eine bedeutende Rolle spielen. Sie muss jedoch noch wirtschaftlicher werden, um im europäischen Vergleich bestehen zu können.

Gute Chancen dürften auch noch für weitere Industrieansiedlungen bestehen, da hier sehr günstige Standortfaktoren existieren. Die sehr verkehrsgünstige Lage, ausreichend qualifizierte Arbeitskräfte sowie genügend Platz sind dabei sicherlich nur die grundlegenden Punkte.

# Quellenverzeichnis

AUGUST, OSKAR: Magdeburger Börde.

BÖTTCHER, CHRISTINA U H. KATHE (1991): Geschichte Sachsen – Anhalts. Halle a. d. S.

BUTTKUS, HEINZ (1951): Die Dorfformen in den Landschaften des ehem. Regierungsbezirks Magdeburg. In: Berichte zur Deutschen Landeskunde, Bd. 9, S. 382 – 388.

Diercke Weltatlas (1996). Braunschweig.

INSTITUT FÜR WIRTSCHAFTSFORSCHUNG HALLE (1994): Regionaler Strukturwandel in den neuen Bundesländern: das Beispiel Sachsen – Anhalt. Halle.

KOHL, H., G. JAKOB, H. J. KRAMM, W. ROUBITSCHEK, G. SCHMIDT-RENNER [HRSG.] (1976): Ökonomische Geographie der Deutschen Demokratischen Republik, Bd. 1. Gotha.

KULKE, ELMAR [HRSG.] (1998): Wirtschaftsgeographie Deutschlands. Gotha.

MINISTERIUM FÜR RAUMORDNUNG, LANDWIRTSCHAFT UND UMWELT DES LANDES SACHSEN – ANHALT (1996): Landesentwicklungsbericht 1996. Magdeburg.

OELKE, ECKHARD [HRSG.] (1997): Sachsen – Anhalt. Gotha

STATISTISCHES LANDESAMT SACHSEN – ANHALT: Statistische Jahrbücher 1991 – 2001. Halle.

www.zuckerwirtschaft.de

www.boerdekreis.de